DÉPÔT LÉGAL
Rhône
n° 466
1888

ANALYSEUR

POUR LA

DÉTERMINATION DU NOMBRE DES MICROBES

CONTENUS DANS L'EAU

PAR

M. ARLOING.

On détermine le nombre des microbes par la culture à doses fractionnées d'une minime quantité d'eau dans des milieux nutritifs propres à l'évolution des microorganismes. Par exemple, si l'on répartit, à dose égale et en prenant toutes les précautions pour éviter l'abord des germes étrangers, 1 centimètre cube d'eau entre 100 ballons chargés de bouillon parfaitement stérilisé, si l'on porte ensuite ces ballons dans l'étuve et que, dans l'espace de 15 jours, 60 d'entre eux se troublent et se chargent de microorganismes, on en déduira que dans chaque ballon qui s'est troublé, on a déposé un germe et que l'eau soumise à l'étuve contenait au moins 60 germes par centimètre cube, soit 60,000 par litre.

Revue critique. — Le procédé de la culture dans les milieux liquides oblige à admettre que chacun des ballons troublés n'a reçu qu'un seul microbe, car, dans le trouble qui se pro-

Tc 25
164

duit au sein du bouillon, il est impossible de saisir s'il y a un ou plusieurs centres de pullulations.

On a tenté de remédier à cette défectuosité de la méthode en lui substituant la culture dans un milieu organique solide, la gélatine peptone, qui maintient, pendant un certain temps, tous les centres de pullulation écartés les uns des autres.

Fol, Dunant et Guning ont nettement établi que la numération des microbes de l'eau à l'aide de cultures faites dans les milieux nourriciers liquides est préférable à la numération par les cultures dans les milieux solides. Leur opinion est partagée aujourd'hui par le plus grand nombre des expérimentateurs qui se sont occupés de la question.

En dépit de ce fait, à savoir qu'un certain nombre des germes contenus dans l'eau ne se développent pas dans la gélatine ou l'agar-agar peptonés, on constate que la méthode de Koch ou la culture en milieux solides jouit encore d'une grande faveur auprès de plusieurs expérimentateurs, et dernièrement Meade Bolton a même tenté de la réhabiliter. Quant à nous, nous ne lui connaissons, dans le cas présent, qu'un seul avantage qui rachète partiellement son défaut capital : elle permet d'arriver plus aisément à la détermination de la nature des germes ou des bactéries contenus dans l'eau. En effet, l'aspect de la plupart des cultures en milieu liquide est fort semblable alors qu'elles procèdent de microbes différents, tandis qu'il peut être très varié, si les cultures sont faites sur la gélatine nourricière. Les colonies diffèrent soit par leur forme, soit par leur couleur ; elles s'étalent à la surface de la gélatine ou dissolvent leur aliment. Ces caractères font naître la notion de différences ou d'analogies que l'on vérifiera par l'examen microscopique ou l'inoculation.

Pour ces motifs, la détermination du nombre des microbes par la culture sur la gélatine mérite de fixer l'attention des expérimentateurs. Il faut envisager les imperfections de cette méthode et chercher à les faire disparaître pour rapprocher le plus possible de la vérité les résultats qu'elle fournit.

a) Koch a conseillé de verser dans un tube de gélatine liquéfiée un volume connu de l'eau dont on fait l'étude bactériologique, de mélanger aussi intimement que possible, par l'agitation, l'eau et la gélatine, de manière à écarter les germes, puis de répandre le mélange, en couche mince, sur la face lisse d'une plaque de verre quadrillée et stérilisée. La plaque de verre est portée ensuite dans un incubateur où les colonies prennent naissance. Lorsqu'on estime que la germination des bactériens présents est complète, on superpose la plaque à une lame d'obsidienne et l'on compte les colonies qui se détachent nettement par leur teinte sur le fond noir de la lame sous-jacente. Enfin, on détermine le nombre des bactériens contenus dans un litre d'eau en multipliant le chiffre des colonies par le rapport du litre au volume d'eau que l'on a mélangé à la gélatine. Ce rapport est toujours un facteur considérable.

Le procédé de Koch est passible de plusieurs reproches. D'abord, on n'est pas absolument sûr de disséminer convenablement les germes au sein de la gélatine, quelque soir que l'on prenne pour y arriver ; de sorte que certaines colonies seront tellement rapprochées qu'elles se nuiront réciproquement et qu'elles seront difficiles à compter et à isoler, si on voulait tenter leur isolement. Ensuite, une partie des opérations s'accomplissant à l'air libre, des germes de l'atmosphère peuvent tomber sur la gélatine, évoluer parallèlement aux germes de l'eau et fausser considérablement les calculs. De plus, une certaine quantité de gélatine restant dans le tube, rien ne prouve qu'elle ne retienne quelques germes; s'il er est ainsi, le nombre que l'on obtiendra sera inférieur à la réalité. On peut rémédier à l'inconvénient que nous avons cité en dernier lieu et qui résulte de la présence d'une certaine portion du mélange dans le tube où il a été effectué, en étalant ce reste à la face interne du tube où il se fige comme sur une plaque ordinaire. On comptera les colonies qui s'y développeront et on ajoutera le chiffre au nombre des colonies développées sur plaque. Mais on n'évitera pas l'erreur possible résultant de la chute de quelques germes de l'atmosphère. Supposons qu'un seul germe provienne de l'air et que l'ont ait opéré avec un demi-centimètre cube d'eau. Pour rapporter le nombre de colonies au nombre de germes contenus dans un litre d'eau, il faudra le multiplier par 2,000. Ce sera donc 2,000 germes de trop que l'on attribuera faussement à l'eau soumise à l'examen bactérioscopique.

b) Esmarck a proposé de rémédier à ce défaut, en maintenant constamment le mélange à l'abri de l'air.

Pour cela, on opère avec une très petite quantité d'eau et une petite quantité de gélatine. Le mélange se fait au fond d'un tube à culture. Quand on le suppose très intime, on plonge le tube dans l'eau froide, en le tenant presque horizontalement pendant qu'on l'anime d'un mouvement de rotation assez rapide. La gélatine se répand sur toute la face interne du tube où elle se solidifie promptement sous la forme d'une plaque mince enroulée en cylindre.

C'est à l'intérieur du tube que les colonies se développent.

Pour les compter, on coupe le tube suivant deux génératrices diamétralement opposées. Il se trouve partagé en deux moitiés égales que l'on observe par la face interne et sur lesquelles on fait le dénombrement des colonies. On rendra cette opération plus facile en projetant chaque moitié du tube sur un écran de papier quadrillé.

Si l'on applique le procédé d'Esmarck, on s'aperçoit que l'on rencontre quelque difficulté à étendre uniformément la gélatine à la face interne du tube. Certaine portion du mélange coule sur des parties déjà étalées et solidifiées; de sorte que les colonies se trouvent superposées.

La division du cylindre de verre suivant deux génératrices se fait souvent irrégulièrement et des colonies situées sur les cassures sont détruites et ne peuvent plus être comptées exactement.

Enfin, comme il faut opérer avec de très petites quantités d'eau, le facteur par lequel on multipliera le nombre des colonies sera très considérable; de sorte que l'erreur la plus légère se traduira par un écart énorme dans le nombre qui représentera les microbes enfermés dans un litre d'eau.

Admettant, pour un instant, que l'on veuille conserver le procédé d'Esmarck, on l'améliorerait en employant de longs tubes de verre plats au lieu de tubes cylindriques pour faire refroidir le mélange d'eau et de gélatine. Les colonies se développeraient sur une seule face et l'on n'aurait pas besoin de diviser le tube pour les compter.

c) Dans un récent travail sur les eaux, M. Malapert-Neuville s'est préoccupé de l'imperfection du procédé de Koch que nous avons signalé en premier lieu. Il a pensé que l'on obtiendrait sur la plaque quadrillée toutes les colonies dont les germes sont présents dans l'échantillon d'eau en opérant de la manière suivante : verser la gélatine en promenant le tube circulairement au-dessus de la plaque; déposer un volume donné d'eau au centre de l'îlot formé par la gélatine, enfin, effectuer le mélange de la gélatine et de l'eau en brassant le tout sur la plaque de verre avec un fil de platine stérilisé. La modification proposée par M. Malapert-Neuville répond au but qu'il poursuivait, mais on peut lui adresser deux reproches graves : le premier, c'est que le procédé adopté par l'auteur pour opérer le mélange de l'eau et de la gélatine n'assure pas une dispersion suffisante des germes et des colonies ; le second, c'est qu'il oblige à laisser la gélatine pendant un temps relativement très long en présence de l'air libre, et par conséquent exposée à recueillir quelques germes de l'atmosphère.

A la fin de cette revue historique et critique, on doit s'apercevoir que certains desiderata subsistent, malgré les perfectionnements préconisés successivement par les expérimentateurs.

Disperser régulièrement sur la gélatine *tous* les microbes enfermés dans un volume d'eau connu ; *éviter* et au besoin *reconnaître* les germes qui peuvent venir de l'atmosphère ; telles sont les indications qu'il faut remplir pour obtenir dans l'examen bactérioscopique de l'eau des résultats aussi exacts que possible.

Nous nous sommes proposé de satisfaire à ces indications à l'aide d'un outillage et d'une technique que nous allons faire connaître.

Analyseur bactériologique de M. Arloing. — Quand on se sert de notre analyseur, la récolte de l'eau et sa répartition se font avec une pipette que l'on peut construire dans tous les laboratoires, de la manière suivante :

On prend un tube en verre, cylindrique, de 4 à 5 millim. de diamètre intérieur. Après l'avoir lavé et séché convenablement, on le jauge en quarts de centimètre cube à l'aide du mercure. On gradue de la sorte une longueur répondant à un centimètre cube et demi à deux centimètres cubes. On étire ensuite le tube à la lampe d'émailleur, à partir d'un point voisin de la graduation, de façon à donner à l'une des extrémités la forme d'un tube capillaire d'une très grande finesse. Cette opération se fait généralement en deux temps. Le tube est ensuite retréci près de l'extrémité opposée, tamponné avec du coton, et stérilisé par l'exposition à la température de 200° dans une étuve, durant deux heures.

Lorsqu'on veut se servir de cette pipette, on flambe délicatement sa surface, on coupe avec des ciseaux l'extrémité du tube capillaire qui la prolonge, on enfonce ce tube dans l'eau et on aspire à l'extrémité opposée. L'aspiration est facilitée par l'interposition d'un tube de caoutchouc entre la pipette et la bouche. L'usage du tube de caoutchouc a encore l'avantage de permettre à l'opérateur de se tenir à quelque distance de l'eau et de ne pas la contaminer par les germes qu'il porte sur ses vêtements, ou bien de confier à un aide le soin de faire monter l'eau pendant qu'il en immerge la pointe dans le liquide.

On remplit la pipette jusqu'au-dessus de la partie graduée.

La cueillette terminée, on fond la pointe du tube capillaire dans la flamme d'une lampe à alcool. On couche la pipette sur un support dans une position presque horizontale et on se hâte de la diriger sur le laboratoire où doit se faire l'essai bactériologique.

La répartition de l'eau sur la gélatine nourricière se fait avec la même pipette, en suivant un manuel qui sera indiqué plus loin.

Quant à la *gélatine nourricière,* elle est étalée sur une plaque de verre de 0^m,12 de longueur sur 0^m,05 de largeur, divisée par des traits au diamant en 60 carrés égaux de 1 centim. de côté (voy. fig. 1). La gélatine est répandue avec plus de facilité si l'on rehausse les bords de la plaque de verre d'un mince cordon en émail vitrifié. Lorsque la gélatine est bien solidifiée, on transporte rapidement la plaque quadrillée dans l'appareil que nous allons décrire.

BIBLIOTHÈQUE NATIONALE
R F
IMPRIMÉS

Analyseur. — Il consiste en une boîte rectangulaire en cuivre de 0^m,250 de longueur sur 0^m,085 de largeur et 0^m,036 de profondeur. Cette boîte est munie d'un couvercle formé de deux lames de verre (5 et 6 de la fig.) mobiles autour de charnières placées sur les deux bords les plus étroits. Les pièces du couvercle, au lieu de se juxtaposer, laissent entre elles un intervalle de 0 m. 007 qui est occupé par un couvre-joints en cuivre d'une disposition spéciale. Effectivement, ce couvre-joints achève de fermer la boîte en coulissant sur les

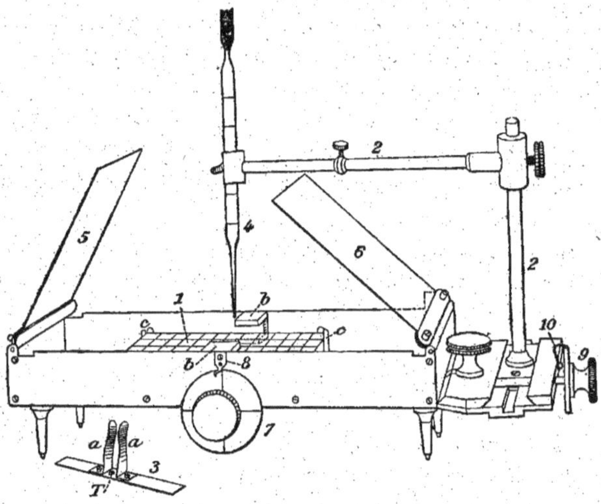

Fig. 1. — *Analyseur bactériologique ouvert.*

1, plaque porte gélatine; 2, 2, porte-pipette; 3, couvre-joints isolé; 4, pipette; 5, 6, couvercles en verre de l'analyseur; 7, bouton moteur de la crémaillère qui déplace la plaque de gélatine; 8, repère; 9, bouton moteur de la crémaillère qui déplace le porte-pipette; 10, repère.

Le couvre-joints 3 est isolé; T, orifice dans lequel s'engage l'extrémité capillaire de la pipette; *a, a,* languettes ressorts entre lesquelles passe la pipette; *b, b,* équerres métalliques sur lesquelles glisse le couvre-joints.

lames de verre, d'avant en arrière, sous l'influence de la moindre traction. Il est pourvu : 1° au milieu d'un orifice fort étroit T, où l'on engage le tube capillaire qui prolonge la pipette avec laquelle on a recueilli l'eau que l'on soumet à l'analyse; 2° de deux languettes métalliques souples A, fixées à droite et à gauche du précédent orifice, entre lesquelles est reçue la pipette, de sorte que le moindre mouvement de déplacement imprimé à cette dernière, dans un sens ou dans l'autre, entraîne immédiatement le couvre-joints de la même quantité. Une plaque de cuivre, d'une surface égale à celle de la plaque de verre quadrillée, munie d'une crémaillère sur sa face inférieure, peut courir sur le fond de la boite, grâce à un pignon qui se meut à l'aide du bouton extérieur 7.

Cette plaque est pourvue à ses angles de quatre montants prismatiques *c*, *c*, garnis de ressorts entre lesquels est pincée horizontalement la plaque en verre quadrillée recouverte de gélatine nourricière.

Le bouton extérieur 7 tourne en présence d'un index 8 fixé sur la paroi antérieure de la boîte. Il porte des crans dont l'écartement est calculé de telle sorte que le passage de deux d'entre eux au-devant de l'index fait avancer la crémaillère d'un centimètre. Conséquemment, si le milieu d'un carré se trouve juste au-dessous du trou percé dans le couvre-joints, le mouvement sus-indiqué amènera dans cette position le milieu du carré suivant. La crémaillère et la boîte sont assez longues pour que l'on puisse faire passer toute la plaque de gélatine nourricière au-dessous du milieu du couvre-joints.

Au bord droit de la boîte est rattachée une forte plaque de cuivre munie d'une coulisse profonde, parallèle à ce bord.

Elle est occupée par une masse métallique portant une tige verticale 2, sur sa face supérieure, et une crémaillère sur sa face inférieure. Celle-ci est engrenée avec un pignon dont l'axe se continue avec le bouton 9.

Cette seconde crémaillère se meut perpendiculairement à la première. Elle a pour but de déplacer la pipette au-dessus de la plaque de gélatine nourricière. On comprend aisément ce mouvement en jetant un coup d'œil sur la figure ci-jointe. La circonférence du bouton est calculée de manière qu'un demi tour fasse progresser la pipette de 1 centimètre.

Usage de l'analyseur. — Lorsqu'on veut se servir de l'analyseur on peut le stériliser par le passage à l'étuve ; mais il suffit d'humecter la face interne de la boîte avec de la glycérine au sublimé ou avec une simple solution de bichlorure de mercure et de la fermer un instant. Les poussières qui sont en suspension à son intérieur ne tardent pas à se fixer aux parois.

On l'ouvre avec précaution, dans une atmosphère calme, pour y déposer la plaque de gélatine, après avoir pris toutefois la précaution de porter toute la crémaillère à gauche. On abaisse ensuite les deux couvercles en verre, et on place entre eux le couvre-joints métallique.

La gélatine est dès lors enfermée à l'abri de l'air ; l'intérieur de la boîte ne communique plus avec l'extérieur que par le trou fort petit percé dans le couvre-joints.

Depuis quelque temps, j'ai modifié l'appareil, afin d'éviter de l'ouvrir largement pour y déposer la plaque porte-gélatine. Dans ce but, j'ai fait pratiquer dans la paroi latérale gauche, au-dessous de la charnière du couvercle 5, une fente de la largeur de la plaque quadrillée, fente que l'on découvre en relevant un petit volet métallique, à l'aide d'un simple mouvement de bascule. L'analyseur, après avoir été stérilisé, reste donc fermé à sa partie supérieure, par l'abaissement des deux lames de verre 5 et 6 et l'insinuation entre ces lames du couvre-joints 3.

Pour introduire la plaque de gélatine dans l'analyseur, on

relève le volet sus-indiqué et on fait glisser dans la fente la plaque de gélatine que l'on tient horizontalement avec le pouce et l'index de chaque main. Elle vient prendre tout naturellement sa place sur les supports qui lui sont destinés.

Voici maintenant, comment on opère pour répartir l'eau à sa surface :

La pipette qui contient l'eau à analyser est agitée avec précaution afin de mettre uniformément en suspension les germes qu'elle renferme. On la flambe avec soin. On la fixe verticalement à l'extrémité du bras horizontal (2). On l'engage entre les deux ressorts du couvre-joints. L'extrémité du tube capillaire, préalablement coupée, est introduite à travers le pertuis du couvre-joints. Elle vient alors se placer au-dessus du milieu du premier carré de la plaque de verre quadrillée. Une goutte d'eau tombe au milieu de ce carré, et forme une saillie hémisphérique sur la gélatine. En attendant la chute de la goutte suivante, on a le temps de faire courir la plaque vers la droite, de manière à la recevoir sur le milieu du second carré. On procède ainsi jusqu'à ce que l'on ait déposé une goutte d'eau au milieu des douze carrés qui composent la première rangée.

Pendant cette opération, la plaque de gélatine a été entièrement transportée à droite de l'extrémité de la pipette. Pour ensemencer les carrés de la deuxième rangée, on meut le pignon de la crémaillère porte-pipette de deux crans. Cette manœuvre a pour effet de transporter l'extrémité de la pipette au-dessus du milieu du dernier carré de la seconde rangée. Dès qu'une goutte d'eau est tombée sur ce carré, on déplace la plaque de gélatine en sens inverse, c'est-à-dire de droite à gauche, de carré en carré, jusqu'au premier. On fait tourner de nouveau le pignon de la crémaillère porte-pipette de deux crans, afin de se placer au-dessus du milieu du premier carré de la troisième rangée et ainsi de suite, jusqu'à ce que les soixante carrés de gélatine aient reçu chacun une goutte d'eau.

Lorsque la répartition de l'eau est achevée, on retire la plaque de gélatine et on la transporte dans un cristallisoir à incubation.

Les gouttelettes d'eau ne tardent pas à se volatiliser dans l'atmosphère du cristallisoir ; les germes quelles contiennent s'appliquent sur la gélatine nourricière et forment, en évoluant, des colonies qui occupent exactement le milieu des carrés.

C'est précisément à ce caractère topographique que l'on distinguera les germes de l'eau de ceux qui seraient tombés accidentellement de l'atmosphère, car il y a de grandes chances pour que ces derniers ne se superposent pas à ceux de l'eau, au centre de figure des carrés tracés sous la plaque de gélatine.

L'opération qui vient d'être décrite donne tous les avantages que nous avons signalés à la condition que la gélatine soit bien solidifiée et que la goutte d'eau, en arrivant à son contact, n'ait aucune tendance à se diffuser dans son épaisseur. Pendant les fortes chaleurs, il conviendra donc d'associer une certaine quantité d'agar-agar à la gélatine, ou bien d'opérer dans un local où la température laisse à la gélatine une solidité suffisante.

En résumé, les détails dans lesquels nous sommes entrés, sur la disposition et l'usage de notre analyseur bactériologique, démontrent que cette technique réalise une amélioration notable dans l'étude bactérioscopique des eaux.

Elle diminue le nombre des intermédiaires au contact desquels l'eau est exposée à gagner quelques germes ; elle permet de répartir uniformément l'eau, afin d'éviter la fusion des colonies, et fait reconnaître, par la position, les colonies dont les germes proviennent de l'air auquel la plaque de gélatine est toujours plus ou moins exposée.

Lyon, Assoc. typ., rue de la Barre, 12. — F. PLAN, directeur.

BIBLIOTHÈQUE NATIONALE — R.F. — IMPRIMÉS

www.ingramcontent.com/pod-product-compliance
Lightning Source LLC
LaVergne TN
LVHW021611170726
843501LV00010B/3986